Gert Reich (Hrsg.) / Manfred Herrmanns, Tobias Stuckenberg

Oldenburger Beiträge zur Technischen Bildung

Carl v. Ossietzky Universität Oldenburg; Institut für Physik

Band 1

Einführung in die Arbeit mit dem Layoutprogramm EAGLE

GRIN Verlag

Bibliografische Information der Deutschen Nationalbibliothek:

Die Deutsche Bibliothek verzeichnet diese Publikation in der Deutschen National-
bibliografie; detaillierte bibliografische Daten sind im Internet über http://dnb.d-
nb.de/ abrufbar.

Impressum:

Copyright © 2012 GRIN Verlag GmbH
Druck und Bindung: Books on Demand GmbH, Norderstedt Germany
ISBN: 978-3-656-19320-3

Dieses Buch bei GRIN:

http://www.grin.com/de/e-book/193804/einfuehrung-in-die-arbeit-mit-dem-layout-
programm-eagle

Einführung in die Arbeit mit dem Layoutprogramm EAGLE

(Version 6.2.0)

Manfred Herrmanns

Gert Reich

Tobias Stuckenberg

Oldenburg, 10. Mai 2012

eMail:
manfred.hermanns@uni-oldenburg,de
gert.reich@uni-oldenburg.de
tobias.stuckenberg@googlemail.com

Inhalt

Einführung in die Arbeit mit EAGLE

Das ATMEL-Schulungsboard ist für Programmierübungen gedacht. Es eignet sich weniger, um konkrete Automatisierungsaufgaben zu lösen. Will man z.B. Lauflichter, mehrere Sieben-Segment-Anzeigen oder Spiele mit dem Mikroprozessor realisieren, so benötigt man mehr als die auf dem Schulungsboard verfügbaren Ein- und Ausgänge.

Damit wird es notwendig, sich nach einer der vielen im Handel verfügbaren Platinen für die ATMEL-Mikrocontroller umzusehen oder die Platine selber zu entwickeln. Im Folgenden soll beschrieben werden, wie mit der Entwicklungssoftware EAGLE, dem weltweit wohl bekanntesten Platinenlayout-Programm, Platinen entworfen werden können. Diese Software eignet sich nicht nur für den Entwurf von Layouts mit Mikrocontrolern, sondern man kann mit ihr Platinen für alle elektronischen Schaltungen entwickeln.

Für Ausbildungsinstitutionen kann die Software zu günstigen Konditionen bei der deutschen Vertretung der Firma CadSoft (www.cadsoft.de) auf Anfrage erworben werden. Für nicht kommerzielle Anwendungen gibt es auch die Möglichkeit, EAGLE als Freeware herunter zu laden. Allerdings bestehen folgende Einschränkungen:

- Die nutzbare Platinenfläche ist auf 100 x 80 mm (4 x 3.2 Zoll) beschränkt.

- Es können nur zwei Signal-Lagen (Top und Bottom) verwendet werden.

- Der Schaltplan-Editor kann nur eine Seite erzeugen.

Jetzt geht's los

Nach Installation der Software öffnen Sie EAGLE. Das *Control Panel* wird angezeigt:

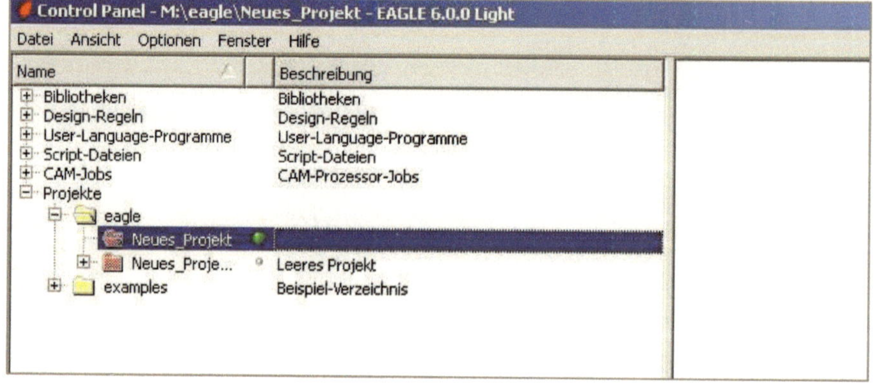

Sie planen nun ein *Neues Projekt*. Ein Klick mit der rechten Maustaste öffnet ein Kontextmenü. Dort wird *Neu* aktiviert.

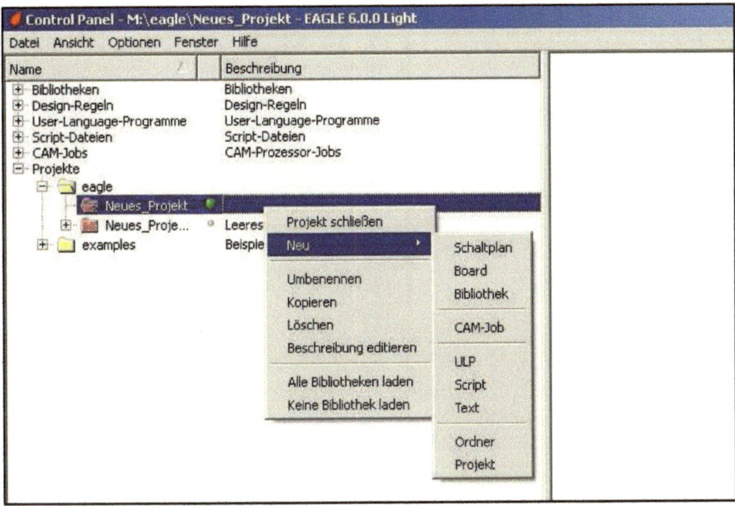

Sie müssen nun einen *Schaltplan* erstellen.

Wenn Sie den Plan am rechten unteren Rand an der Markierung aufziehen oder maximieren, sehen Sie die komplette Liste der Werkzeuge, die Sie für die Schaltplanerstellung zur Verfügung haben.

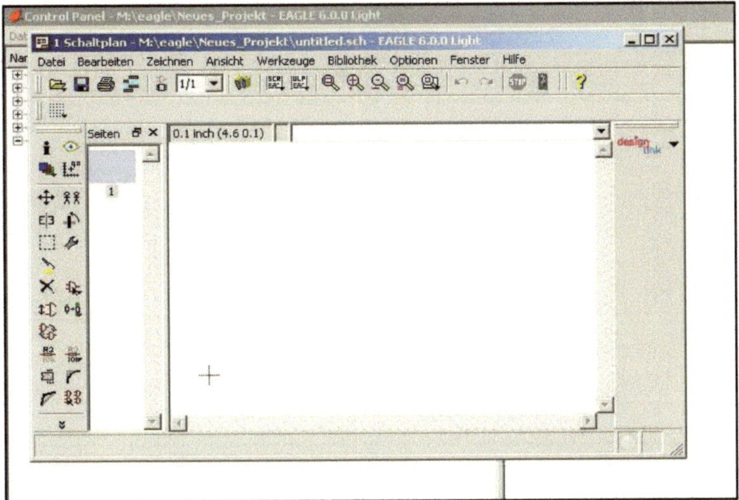

Arbeiten mit der Bibliothek

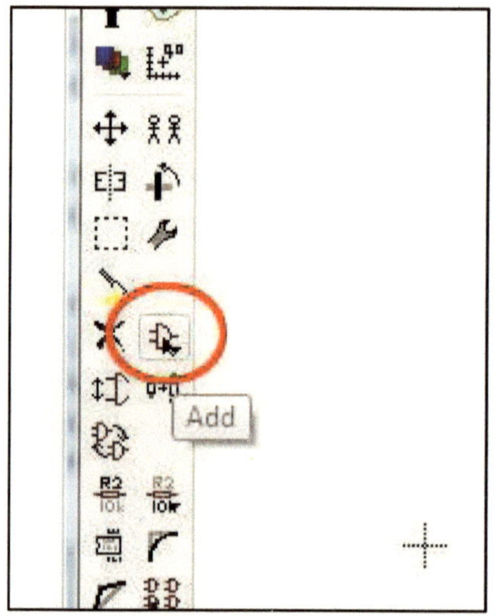

Um Bauteile auf den Schaltplan einfügen zu können, muss die Bauteilbibliothek aufgerufen werden. Dies geschieht mit einem Klick auf das rot gekennzeichnete Werkzeug – der Befehl *Add* kann auch in der Befehlszeile eingetippt werden.

Beim ersten Öffnen der Bibliothek dauert es eine Weile, bis die Bauteile geladen und verfügbar sind.

Man kann Bauteile selbst entwerfen. Allerdings ist die Bibliothek von EAGLE so umfangreich, dass dies in den seltensten Fällen erforderlich ist. Deshalb gehen wir in dieser Anleitung auf den Bauteilentwurf nicht ein.

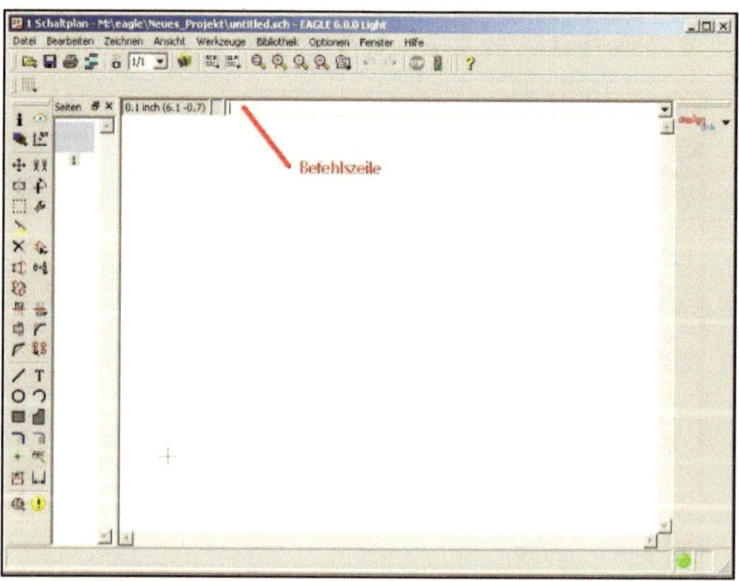

Die Bauteilbibliothek zeigt den Anfang der Übersicht über die Bauteilgruppen. Im Fenster unten rechts werden nähere Informationen zu den einzelnen Bauteilgruppen und Bauteilen angezeigt.

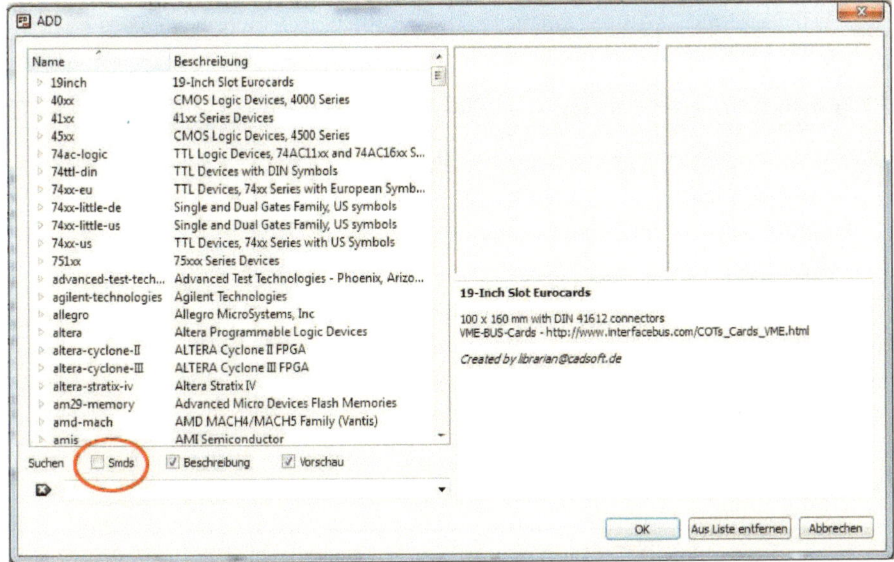

Um die Übersicht zu verbessern, kann der rot gekennzeichnete Haken weggeklickt werden. Damit werden die SMD-Bauteile, die bei unseren Versuchen nicht zum Einsatz kommen, ausgeblendet.

Unglücklicherweise tragen die Baugruppen die amerikanischen Bezeichnungen. Mit der im Anhang dargestellten Tabelle möchten wir Ihnen den Umgang mit der Bauteilbibliothek erleichtern.

Jetzt wollen wir an einem Beispiel beschreiben, wie Sie einen Widerstand in der Bibliothek finden können. Die Bedienung der Bibliothek ist ein wenig ungewohnt. Um an eine Bauteilgruppe zu gelangen, kann man am besten die Pfeiltasten (↑↓→←) benutzen. Die Taste → führt in die Auflistungen und mit ← geht es zurück.

Um einen Widerstand zu finden, gehen Sie mit ↓ so lange nach unten, bis Sie auf der Baugruppe „rcl" landen.

Wem das zu lange dauert, der kann auch „r" in die Tastatur tippen – jedoch darf der Cursor nicht in der Suchzeile unten stehen. Mit „r" landet man automatisch auf der ersten Baugruppe, die mit r beginnt: „rcl". Diese Gruppe beinhaltet Widerstände [R], Kondensatoren [C] und Spulen [L]. Jetzt Pfeiltaste → und dann weiter nach unten ↓, bis wir die Untergruppe „R-EU_" gefunden haben. Wieder Pfeiltaste → und auf R-EU_0207/10 gehen – dann erscheint die folgende Übersicht:

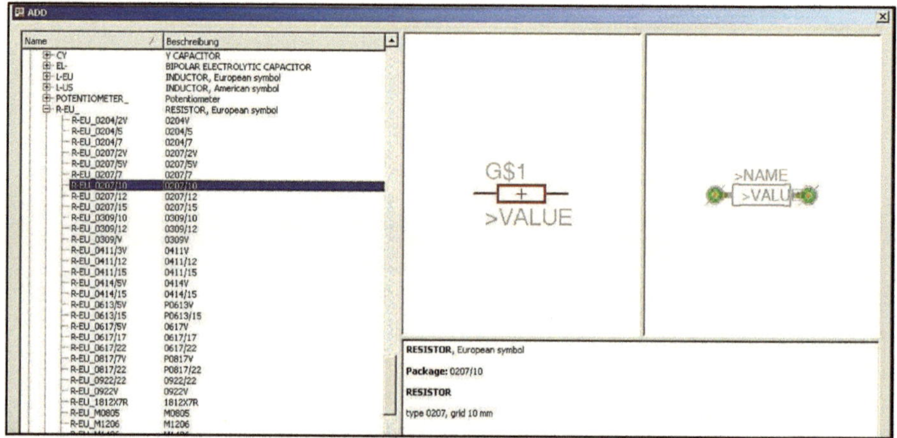

Wir haben einen nach europäischer Norm dargestellten Widerstand gefunden, dessen Namen und Wert noch unbestimmt sind. Die Bauform zeigt einen Standardwiderstand (1/4 Watt) mit den Lötpunkten, deren Abstand für den Einbau von mit der Hand nicht zu scharf gebogenen Widerstands-Beinchen geeignet ist.

In dem unteren Feld rechts findet man technische Daten – hier den Lötpunktabstand „grid 10 mm".

Eine andere Methode, ein Bauteil zu suchen, ist die Verwendung der Suchfunktion.

Suchen wir z.B. einen Transistor vom Typ „BC 547", so empfiehlt sich, als Suchbegriff die charakteristische Zahl 547 einzugeben. Allerdings sind vor- und nachgestellte Sternchen (*) bei EAGLE Pflicht, da sonst ausschließlich exakte Übereinstimmungen gefunden werden.

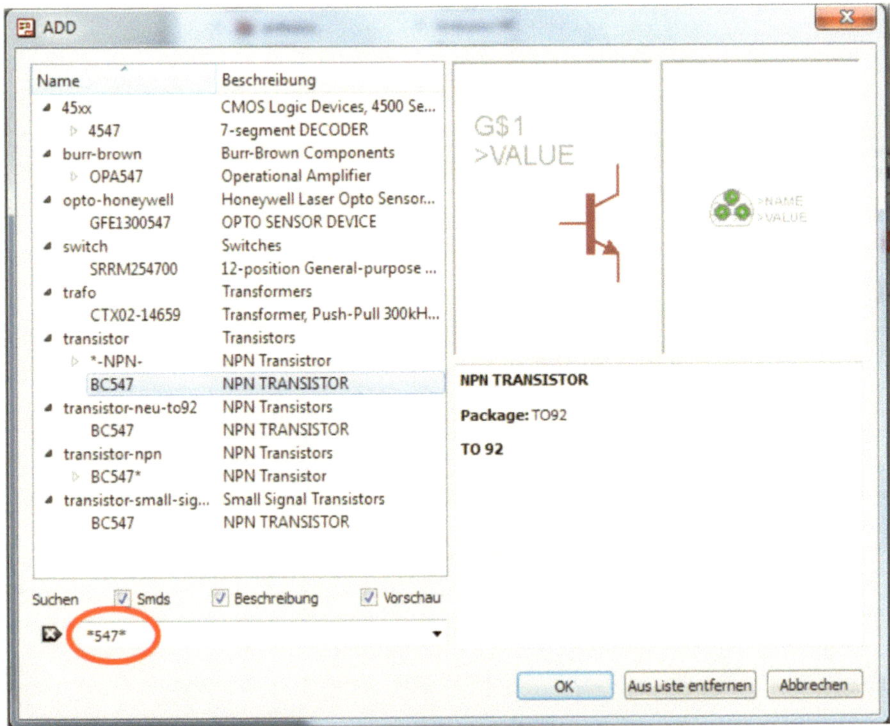

Einfügen von Bauteilen in den Schaltplan

Ein Klick auf die Schaltfläche OK - und der Widerstand hängt am Cursor. Mit der linken Maustaste wird das Bauteil platziert. Sofort erscheint ein neuer Widerstand am Cursor, der auch wieder in den Schaltplan eingefügt werden kann. Beim dritten Widerstand haben wir auf die rechte Maustaste geklickt: Das Bauteil wird nun in die Senkrechte gedreht.

Wie man sehen kann, werden die Bauteile automatisch durchnummeriert.

Das Einfügen von Widerständen wird mit *Esc* beendet – man kann auch im Werkzeugkasten links auf einen neuen Befehl, wie z.B. auf die Bauteile-Bibliothek, klicken.

Das erste Projekt

Wir verwenden hier ein Detail, das aus dem Schaltplan für das ATMEL-Schulungsboard entnommen ist.

Der Plan zeigt den Anschluss eines USB-Ports an den Mikroprozessor.

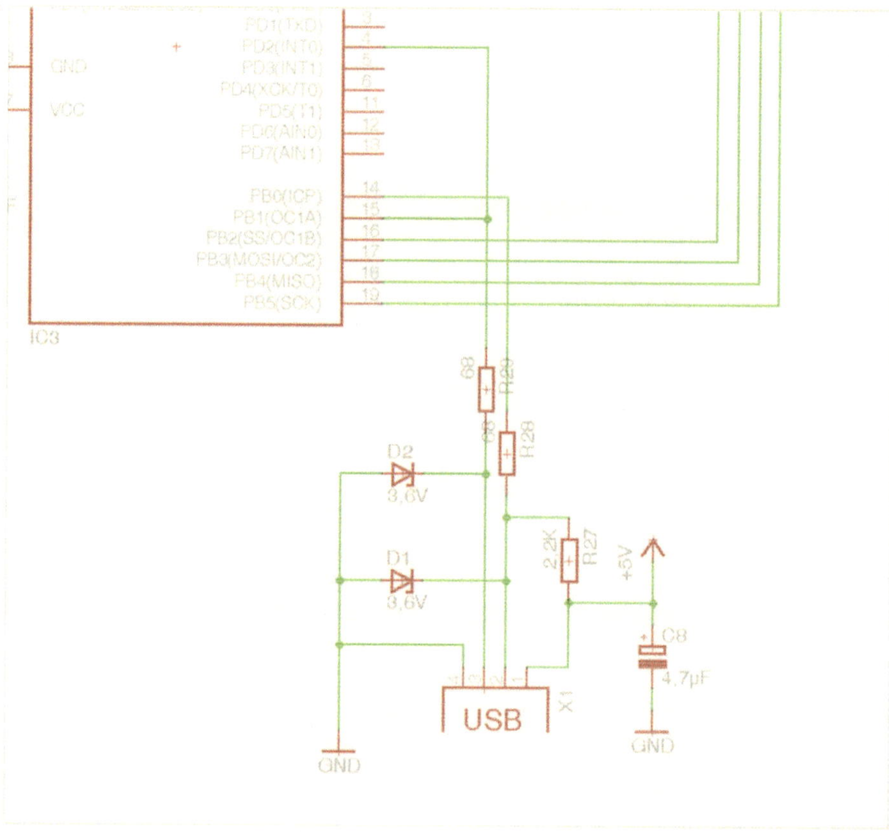

Wir wollen den Schaltplan dieser kleinen Baugruppe mit EAGLE realisieren. Wie man die drei Widerstände in den Schaltplan einfügt, haben wir oben schon beschrieben. Jetzt müssen wir zwei Zehner-Dioden suchen und ebenfalls einfügen.

Dazu suchen wir in der Bauteile-Bibliothek nach den Z-Dioden, indem wir *diode* in die Suchzeile unten links in der Dialogbox eintippen und mit *Enter* bestätigen. EAGLE sucht nun nach dem exakten String „*diode*" und zeigt alle Bauteile an, die im Namen oder in der Beschreibung den Suchbegriff enthalten. In unserem Fall funktioniert das problemlos und wir wählen dann die Diode „1N4728".

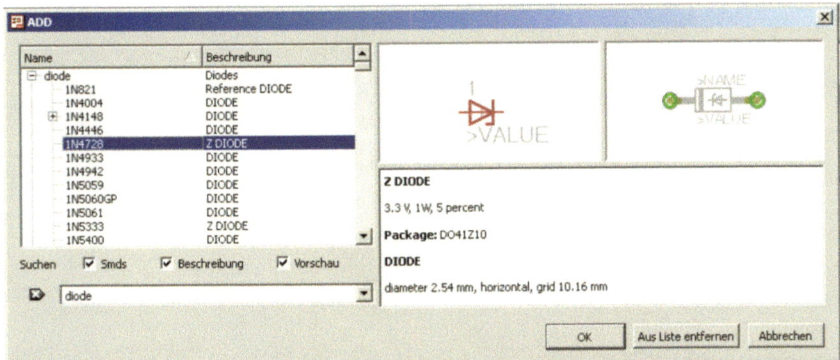

Jetzt erscheinen im Feld unten rechts die technischen Daten für die angeforderte Diode:

3,3 V	Durchbruchspannung
1 W	Belastbarkeit
5 percent	Güte
DO41Z10	Gehäuseform
diameter 2.54 mm	Durchmesser
horizontal	Einbaulage
grid 10.16 mm	Abstand der Lötpunkte

Die Suche nach dem Kondensator gestaltet sich schon schwieriger. Aus dem Anhang geht hervor, dass diese Bauteile mit „CPOL…" bezeichnet werden. Damit EAGLE das Bauelement in der Datenbank finden kann, geben wir *cpol** (Groß- und Kleinschreibung egal) in die Suchzeile ein. Der Joker * steht für beliebige Zeichen.

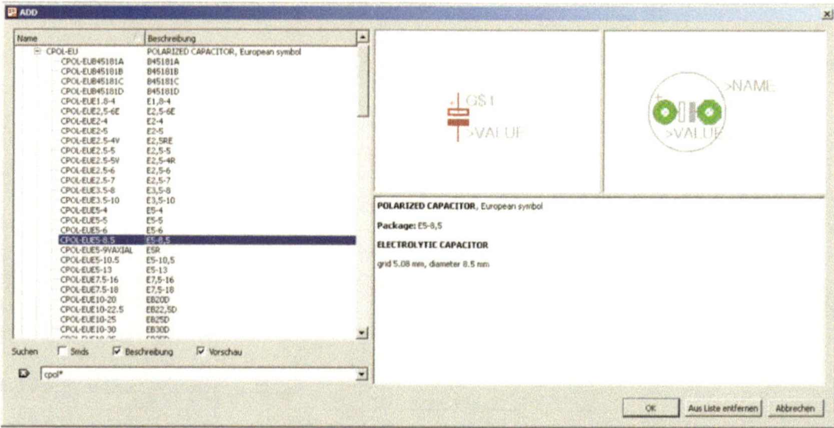

CPOL-EUE5-8,5 scheint ein geeigneter Kondensator zu sein, da er in Größe und Lötpunktabstand mit den Anforderungen übereinstimmt. Er wird auf dem Schaltplan platziert.

Dass der USB-Anschluss unter con-berg ----> PN61729 zu finden ist, erfordert schon ein wenig hellseherische Fähigkeiten.

Der USB-Stecker ist ein Produkt der BERG-Electronics aus St. Louis in den USA. Unter dem Stichwort *berg* kann man das Bauteil in der Datenbank finden und dann in den Schaltplan einfügen – aber das muss man eben wissen.

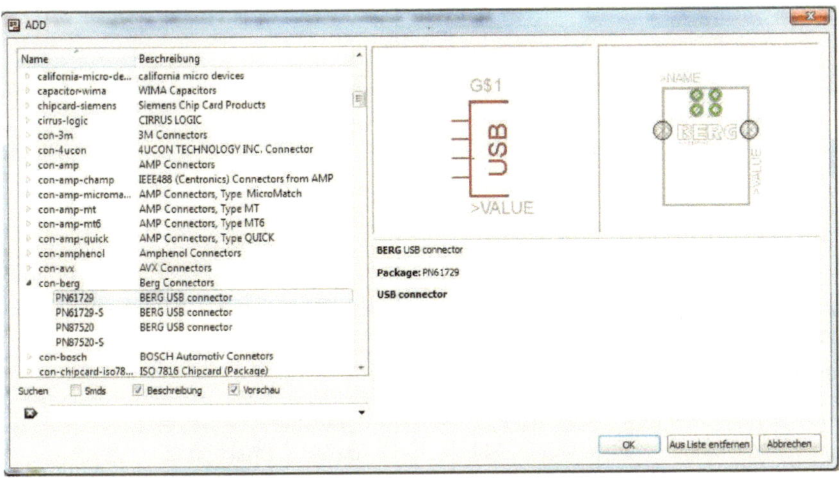

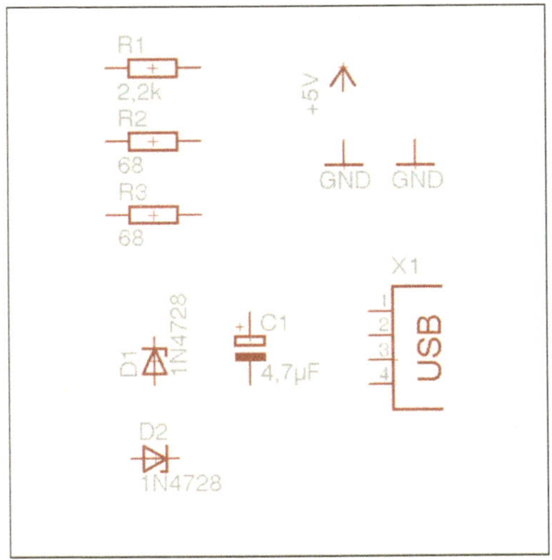

Die noch fehlenden Spannungsversorgungen findet man mit *GND* und *+5V* leicht in der Datenbank.

Damit sind alle benötigten Bauteile auf dem Schaltplan versammelt.

Zwar werden die Werte der Widerstände und Kondensatoren für das Layout nicht benötigt, aber sie sind für die Bestückung der Platine später notwendig.

Zuweisen von Werten

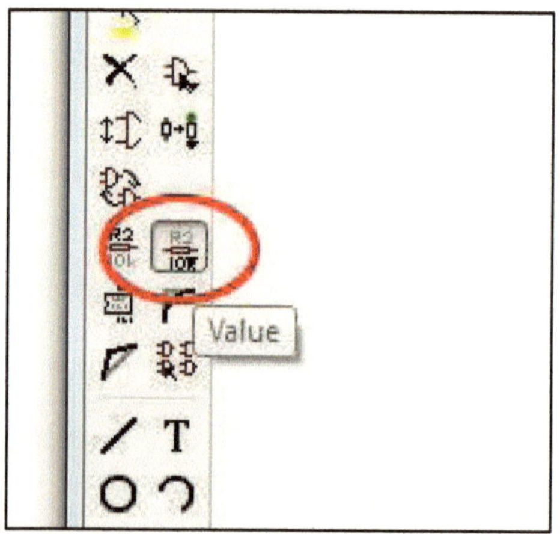

Ist die Funktion *value* ausgewählt, kann den einzelnen Bauteilen durch Anklicken ein Wert zugewiesen werden.

Anordnen der Bauteile

Als nächstes müssen die Bauteile sinnvoll angeordnet werden. Der Befehl *move* ermöglicht das Verschieben und das Drehen der einzelnen Bauteile. Mit einem Linksklick wird das Bauteil aufgenommen und kann jetzt mit der Maus bewegt werden. Ein Rechtsklick dreht das Bauteil um 90° - ein weiterer Linksklick legt es wieder auf dem Schaltplan ab.

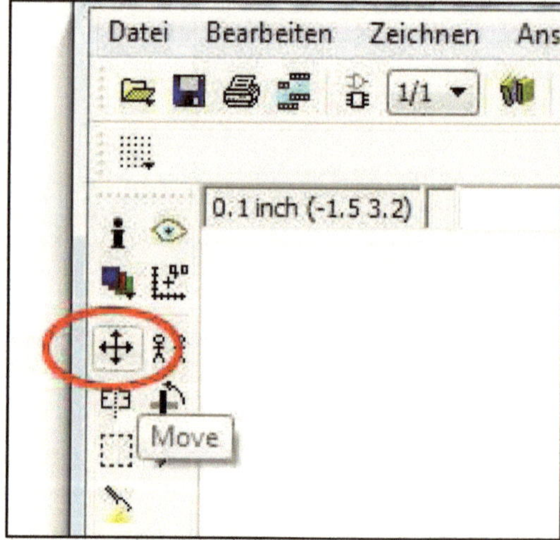

Verdrahten der Bauteile

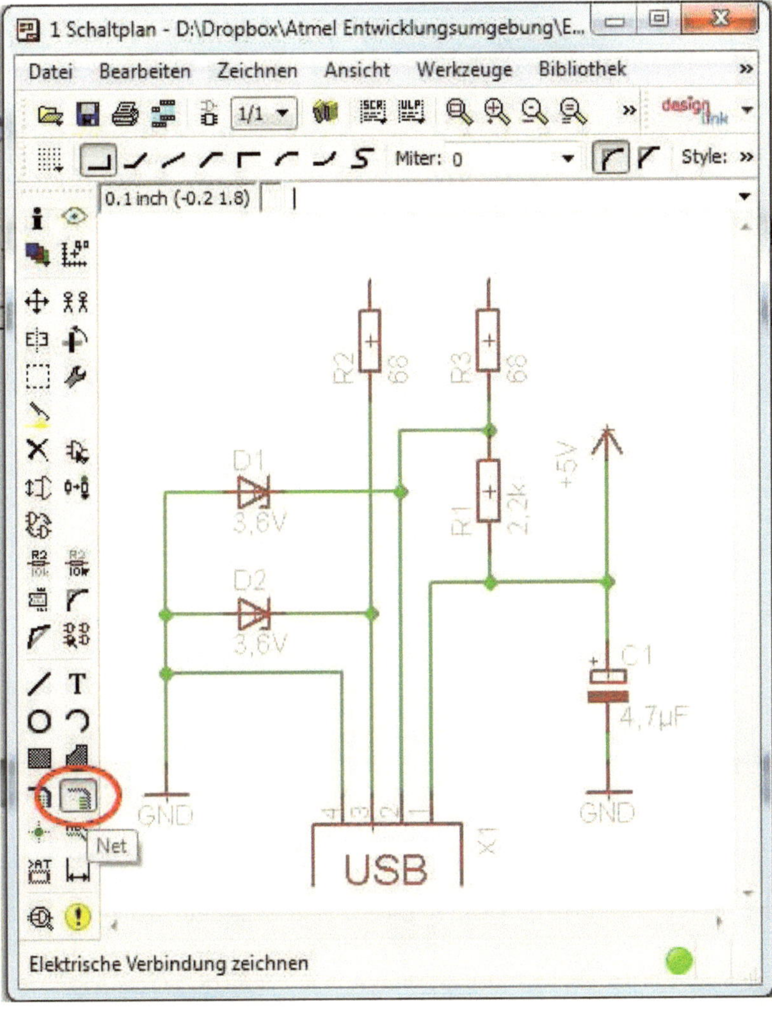

Nachdem die Bauteile in eine halbwegs richtige Position gebracht wurden, wird mit dem Befehl *Net* die Verbindung der Bauteile hergestellt. Wir empfehlen, die Leitungen nicht mit dem Befehl *Wire* zu legen, da dieser Leitungsverbindungen (Knoten) nicht automatisch anzeigt.

Fehlerhafte Verbindungen und Bauteile können mit *Delete* gelöscht werden. Schließlich soll der Schaltplan etwa so aussehen wie in der vorherigen Abbildung.

Das Layout entwerfen

Nach Abschluss der Arbeit am Schaltplan wechseln wir zum Board. Diesen Befehl finden wir unter *Datei* – dann *Zum Board wechseln*.

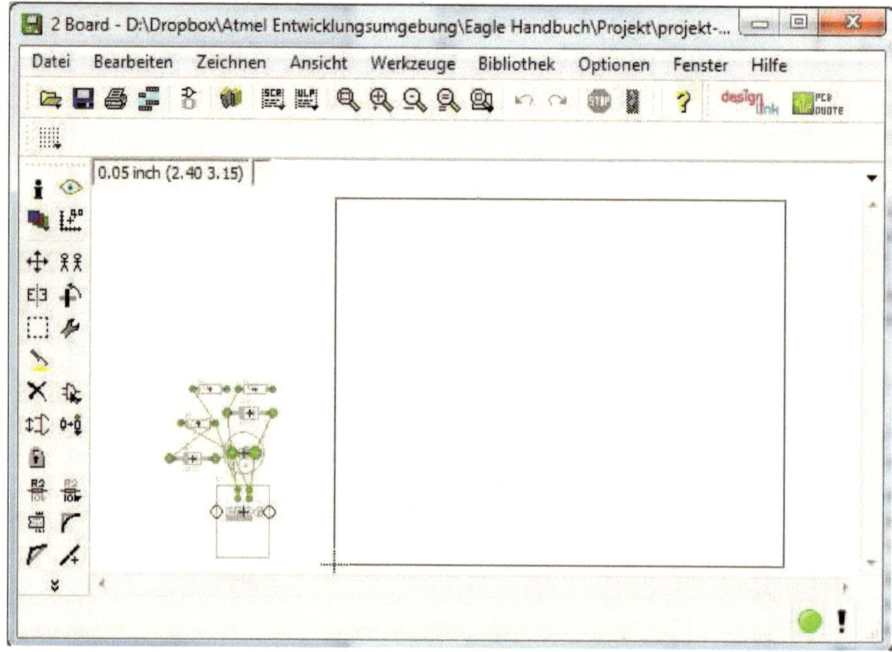

Das Board erscheint als kleines Fenster auf dem Schaltplan, das maximiert werden sollte.

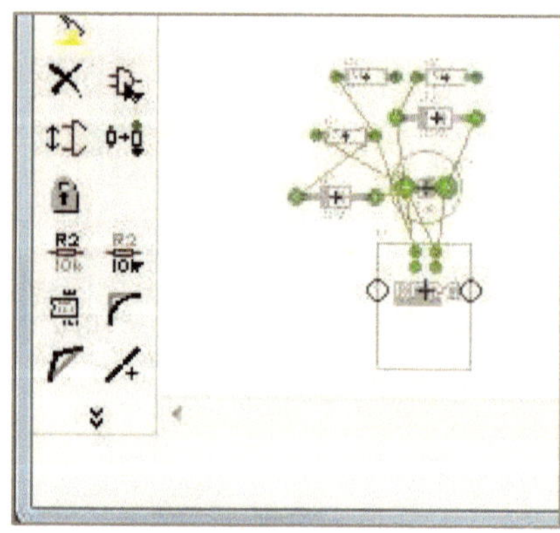

Auf dem Bildschirm sind jetzt die Bauteile zu sehen, die kreuz und quer verbunden sind. Außerdem ist ein Rechteck zu sehen – die Umrisse einer halben Europlatine mit den Maßen 100 x 80 mm.

Auf den ersten Blick ist erkennbar, dass die Platine für die wenigen Bauteile überdimensioniert ist.

Jetzt folgen zwei wichtige Schritte:

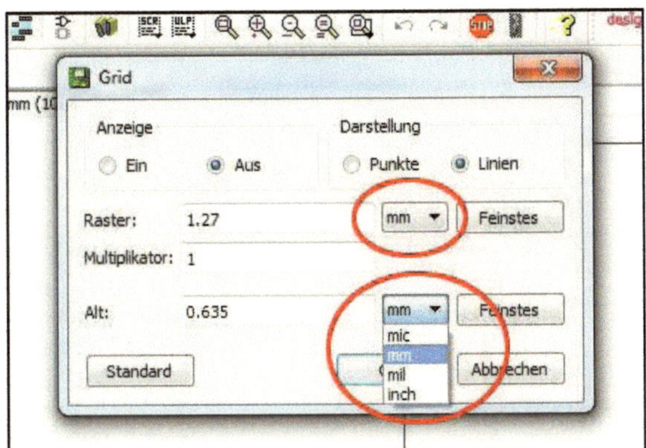

Zuerst wählen wir im Menü unter *Ansicht* den Befehl *Raster* aus. Es erscheint das nebenstehende Fenster.

Hier stellen wir unser Einheitensystem von Inch in Millimeter um.

Anschließend wählen wir das Werkzeug *Move* aus, platzieren den Cursor in die Mitte der oberen Platinenkante: Ein Klick mit der linken Maustaste(Taste nicht gedrückt halten!), dann die Platine durch schieben verkleinern, ein weiterer Klick und die Linie wird abgelegt.

Mit der gleichen Prozedur mit der rechten Platinenkante wird die Platine schließlich auf eine sinnvolle Breite von etwa 50 x 40 mm (1/8 Europlatine) gebracht. Kontrollieren kann man diese Maße, indem man den Cursor in die obere rechte Ecke der Platine bringt – ablesen siehe roter Strich.

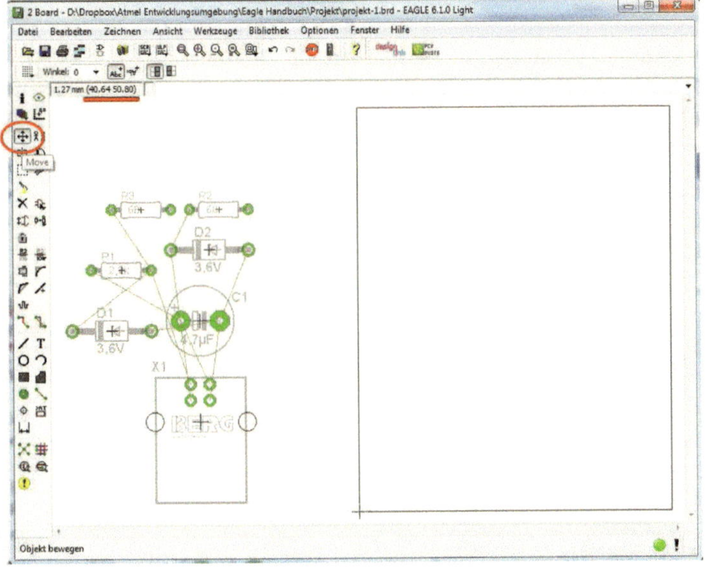

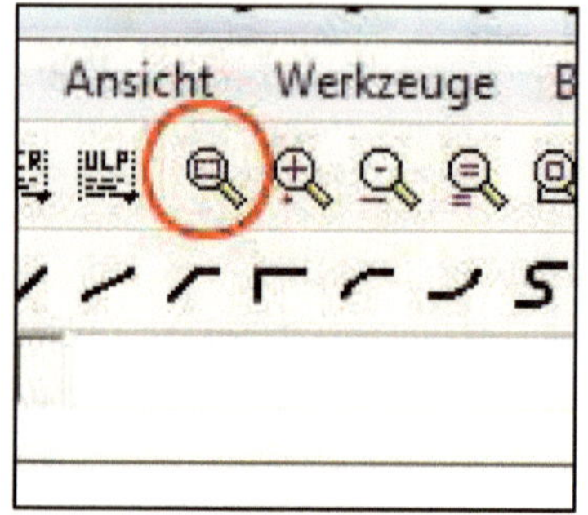

Ein Klick auf das Werkzeug *Fit*, hier rot markiert, vergrößert die Arbeitsfläche so, dass alle Bauteile und Hilfslinien dargestellt werden.

Als nächstes verschieben wir die Bauteile auf die Platine.

Ein Tipp: Es ist oft hilfreich, wenn man die Bauteile erst einmal so anordnet, wie sie ungefähr im Schaltplan liegen.

Die gelben Luftlinien zeigen an, welche Pins der Bauteile elektrisch miteinander verbunden werden müssen. Mit einem Klick auf *Ratnest* optimiert das Programm erst einmal die Luftlinien, so dass sich möglichst kurze Wege für die Verdrahtung ergeben.

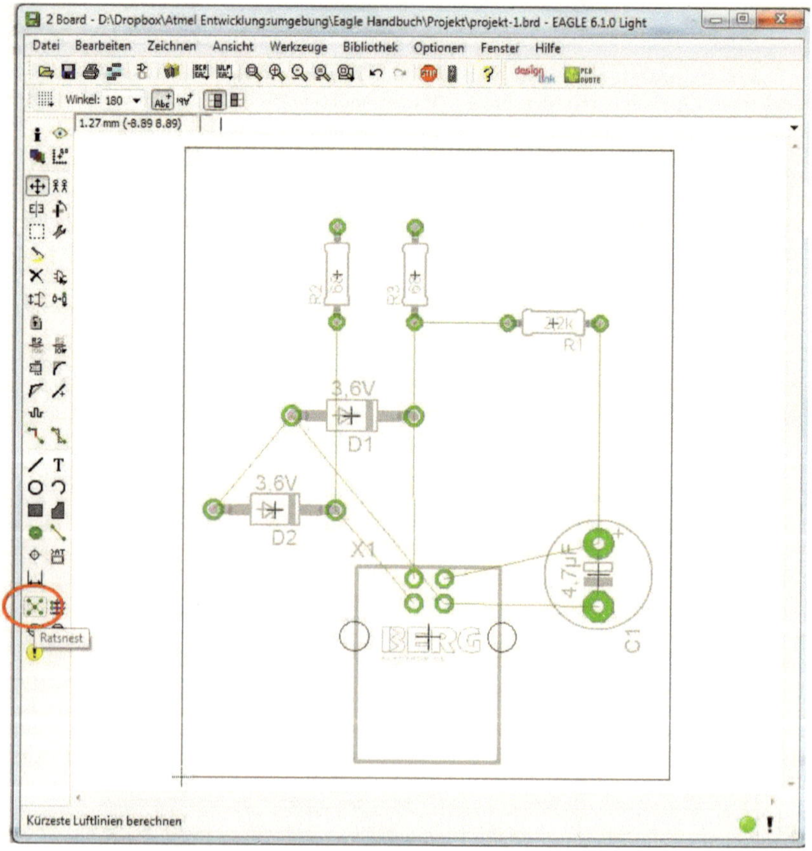

Leiterbahnen verlegen

Zum Ersetzen der Luftlinien durch Leiterbahnen drücken wir auf den Button *Route*. Bevor wir die Leiterbahnen erzeugen, überprüfen wir die Leiterbahnenbreite (wir empfehlen 1,27 mm). Dünne Leiterbahnen sollte man nur verwenden, wenn es nicht anders geht – z.B. wenn man zwischen den Beinen eines ICs eine Bahn verlegen muss.

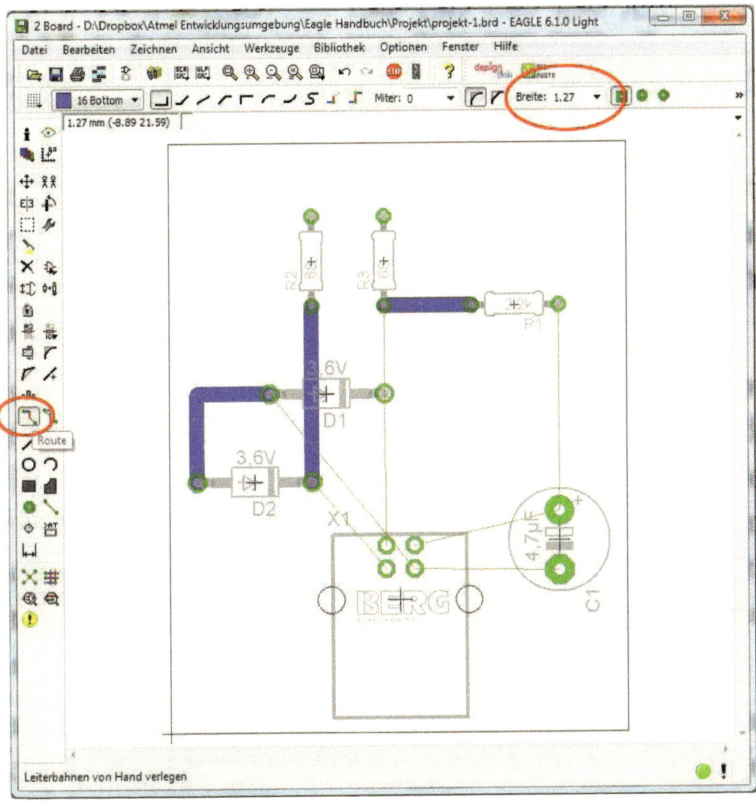

Das Verfahren ist einfach: Ein Klick mit der linken Maustaste auf einen Pin wählt die nächstliegende Luftlinie aus. Aber Vorsicht: Liegen dort mehrere Luftlinien, so schlägt das Programm eine Luftlinie durch Aufleuchten vor. Mit der linken Maustaste kann dieser Vorschlag angenommen werden. Leuchtet die falsche Luftlinie, so betätigt man die rechte Maustaste und das Programm schaltet auf die nächste Luftlinie um.

Geht es mit den Leiterbahnen um die Ecke, so klickt man mit der linken Maustaste am Eckpunkt an. Standardmäßig geht es dann rechtwinklig weiter. Ein Klick auf die rechte Maustaste wählt zwischen den verschiedenen Knickmodi aus. Probieren Sie es mal aus: Oben in der rot markierten Leiste können Sie die Knickmodi einstellen.

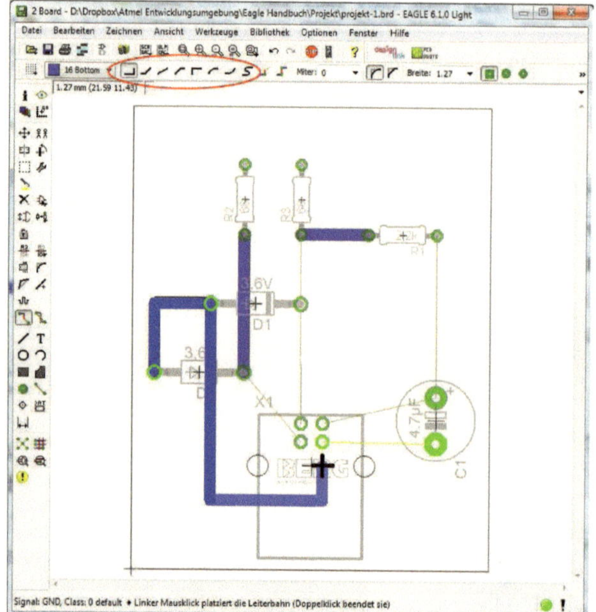

Stellt man im Nachhinein fest, dass eine Leiterbahn falsch liegt (siehe Markierung: Leiterbahn liegt auf einem Bohrloch), so kann man dies mit der Funktion *Ripup* beheben:

Man klickt die fehlerhafte Leiterbahn an und verlegt mit *Route* eine Neue.

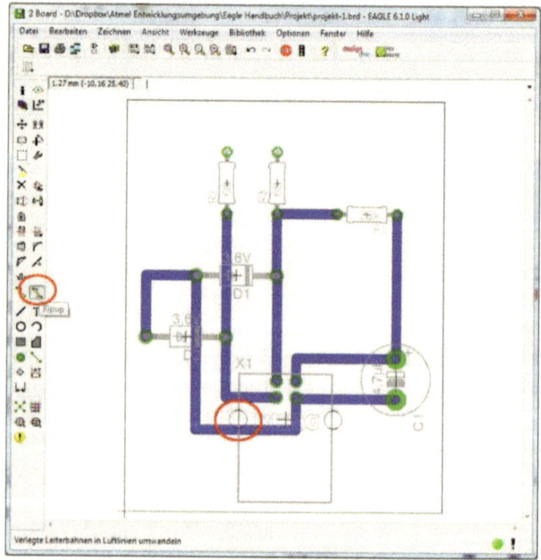

Um eine Belichtungsvorlage aus diesem Bild zu erstellen, sollten wir nun die Platine beschriften, damit man auch später noch weiß, welche Funktion die Schaltung hat. Auch hilft die Beschriftung bei der Belichtung der Platine – man sieht sofort, ob die Folie richtig liegt.

Nach Klick auf den Button *Text* erscheint ein Eingabefeld, in das wir z.B. USB-Anschluss eintippen können.

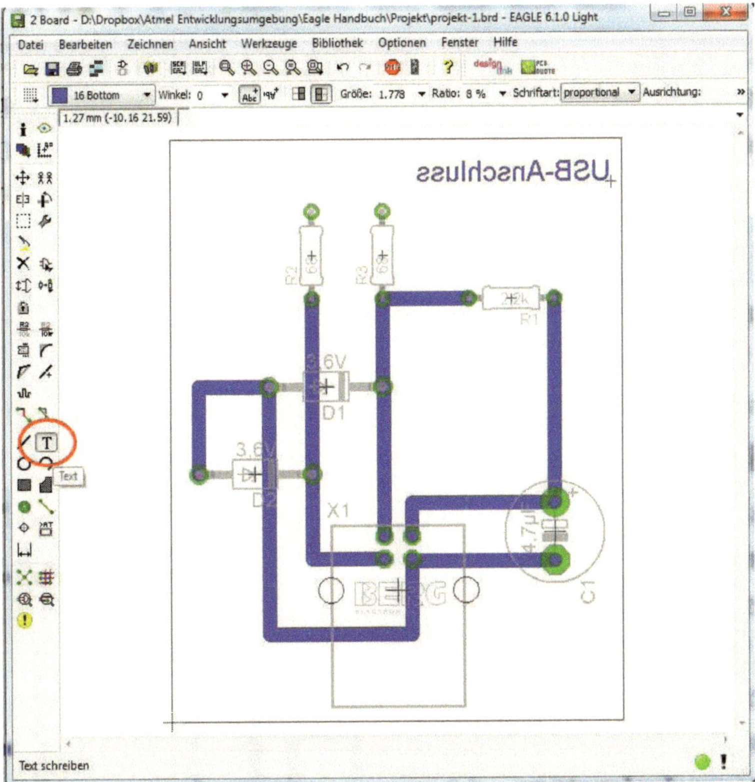

Dieser Textbaustein kann nun beliebig auf der Platine angeordnet werden. Es ist auffällig, dass der Text in Spiegelschrift erscheint.

So etwa könnte das fertige Layout aussehen.

Dieses Bild wird für die spätere Bestückung mit Bauteilen ausgedruckt.

Achtung: Es zeigt die Oberseite der Platine!

Belichtungsvorlage erstellen

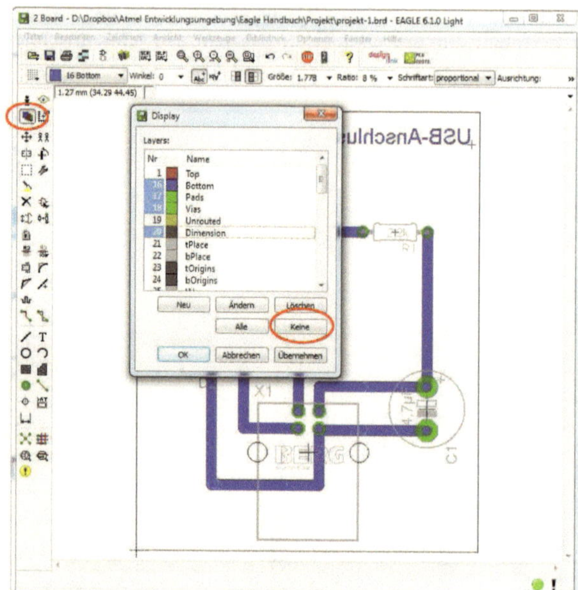

Ganz zum Schluss müssen die Layer ausgeschaltet werden, die nicht mit ausgedruckt werden dürfen.

Dazu klickt man auf den Button „*Display*" (roter Pfeil) und blendet mit einem Klick auf „*Keine*" alle Layer aus. Danach werden nur mit Mausklick die Layer

- Bottom
- Pads
- Vias
- Dimension

eingeblendet.

Nun druckt man das Layout aus. Dabei ist zu beachten, dass in der Druckmaske das Häkchen bei „*Schwarz*" gesetzt ist.

Im Druck werden die Bohrpunkte automatisch freigestellt, so dass der Bohrer durch die Kupferringe der Bohrlöcher geführt werden kann.

Für den Druck empfehlen wir die Laserprint-Folie Typ 8 (transparent matt) von der Firma Koch + Schröder GmbH.

www.kochundschroeder.de

Nach unserer Ansicht sind normale Overhead-Folien für die Erstellung nicht geeignet.

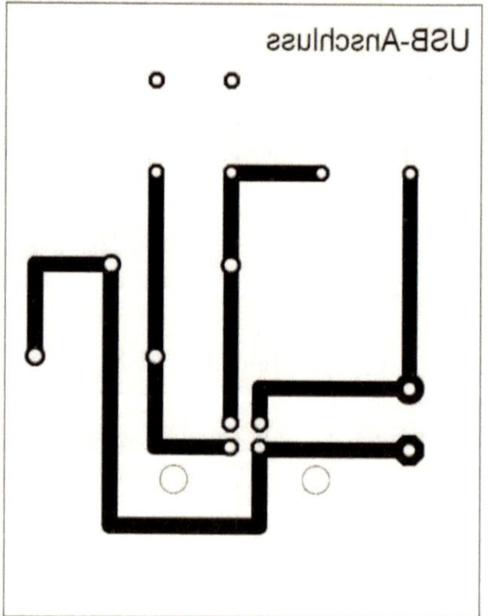

Anhang: Hilfe für das Auffinden von Bauteilen in der Library

Tabelle 1

Bezeich-nung	Reichelt Bestellnr.	Eagle Bezeichnung	Library	Bild
Widerstand (normal)	1/4W XX	R-EU_0207/10	rcl> R-EU_	
Widerstand (eng)	1/4W XX	R-EU_0207/7	rcl> R-EU_	
Poti 10mm 10K (liegend)	PT 10-L 10K	TRIM_EU-LI10	pot> TRIM_EU-	
1N5408 – 3A Diode	1N 5408	1N5408	diode-1	
Elektrolyth-kondensator (stehend) <10µF	RAD XXX/XXX	CPOL-EUE2.5-6	rcl> CPOL-EU	
Elektrolyth-kondensator (stehend)	RAD XXX/XXX	CPOL-EUE5-8.5	rcl> CPOL-EU	
Electrolyticcap 220µF	RAD XXX/XXX	CPOL-EUE5-10.5	rcl> CPOL-EU	
Elektrolyth-kondensator 220µF 25V (liegend)	AX 220/25	CPOL-EUE25-9AXIAL???	rcl> CPOL-EU	
Folienkon-densator 470nF RM5mm	MKS-2 470N	C-EU050-030x075	rcl> C-EU	

Bezeich-nung	Reichelt Bestellnr.	Eagle Bezeichnung	Library	Bild
Keramik-kondensator RM 2,5mm 27nF	KERKO 27P	C-EU025-025X050	rcl> C-EU	
Keramik-kondensator RM 5mm 220nF	KERKO-500 220P	C-EU050-030X075	rcl> C-EU	
NPN-Tran-sistor TO92	BC 547B	NPN-TO92		
PNP-Tran-sistor TO92	BC 558B	PNP-TO92		
NPN-Tran-sistor TO126	BD 135	NPN-TO126		
PNP-Tran-sistor TO126	BD 436	PNP-TO126		
BUZ11 Mosfet	BUZ 11	BUZ11	transistor-fet	
Diode	1N 4148	1N4148DO35-7	diode> 1N4148	
LED 3mm	LED 3MM RT	LED3MM	led> LED	
LED 5mm rot	LED 5MM RT	LED5MM	led> LED	

Bezeich-nung	Reichelt Bestellnr.	Eagle Bezeichnung	Library	Bild
Spannungs-regler 1A (stehend)	µA 7805	7805TV	linear	
Mikr-ocontroller	ATMEGA 8-16 DIP oder ATMEGA 48-20 DIP	MEGA8-P	atmel	
Mikrocon-troller	ATMEGA 16-16 DIP	MEGA16-P	atmel	
Quarz 16MHz	16,0000-HC49U-S	CRYSTALHC49S	Crystal > Crystal	
Uhrenqarz 32.768kHz	0,032768-L6	CRYSTALTC26H	Crystal > Crystal	
Wannen-stecker 10-polig	WSL 10G	ML10	con-ML	
Wannen-stecker 40-polig	WSL 40G	ML40	con-ML	
Darlington Array	ULN 2804A	ULN2804A	uln-udn	
8-Kanal Treiber IC	UDN 2981	UDN2981A	uln-udn> UDN298*	
Taster	Taster 3301	10-XX	switch-omron	

Bezeich-nung	Reichelt Bestellnr.	Eagle Bezeichnung	Library	Bild
Piezo Summer	SUMMER BJ M 05	F/CM12P ???	buzzer	
Anschluss-klemme (2-polig)	AKL 101-02	AK300/2	com-ptr500	
Anschluss-klemme (3-polig)	AKL 101-03	AK300/3	com-ptr500	
PS2-Buchse	EB-DIOS M06V	MD06SS	con-yamaichi	

Tabelle 2

Deutsche Bezeichnung	Englische Bezeichnung	Bauteil-Beispiele
Batterie	Battery	AB 9V
Befestigungslöcher	Holes	3mm 5mm
Dioden	Diode	z.B. 1N4148 Zener Dioden
Drahtanschluss	Wirepad	
Gleichrichter	Rectifier	Brückengleichrichter
IC - Sockel	IC-Package	DIL 8 DIL 14
Kondensatoren	RCL	C-EU CPOL-EU (Elko`s) C-Trimm Capacitor-Wima
Lautsprecher	Buzzer	AL11P
LED Anzeigen	Display-HP Display-LCD	7-Segment Anzeigen
Leistungselektronik	Triac	Diac Triac Thyristor
Leuchtdioden	LED	3mm 5mm Duo LED
Potentiometer	Piher Pot	Potis mit 6mm Achse Trimmer_EU Trimmer_US
Relais	Relay	1xUM 2xUM
Schalter	Switch	Switch-DIL Switch-misc Switch-Omron

Sicherungen	Fuse	
Spannungsregler	V-Reg	78**
		79**
Spannungsversorgung	Supply 1	VDD Plus
	Supply 2	VSS Minus
		Masse
Transformatoren	Trafo	15VA
		30VA
		Printtrafos
Transistoren	Transisitor	NPN
		PNP
		Verschiedene Typen
Widerstände	RCL	R-EU
		R-Trimm
		Resistor-Power

Hinweis:

http://www.projektlabor.tu-berlin.de

Unter diesem Link findet man Onlinekurse zu verschiedenen Themen im Bereich des Schalt-
planentwurfs, des Layouts von Platinen und der Bestückung.